Josef Spiegel (Hg.)

„Dem Ingenieur ist nichts zu schwör"

„The Engineer in Full Gear"

Eine Ausstellung mit dreidimensionalen
Nachbauten bisher nicht verwirklichter Erfindungen

An Exhibit of Three-Dimensional Objects Based on
Imaginary Inventions

Impressum

Herausgeber:
Stiftung Künstlerdorf Schöppingen
in Zusammenarbeit mit der
Gemeinde Schöppingen

Idee und Konzept:
Josef Spiegel

Texte, Projektleitung und Ausstellungsorganisation:
Josef Spiegel

Nachbauten der Erfindungen:
Norman Fuchs und
Schüler der Kardinal-von-Galen Hauptschule Schöppingen
zusammen mit Rektor Harald Hausmann:
André Bröker, Viktor Hund, Sebastian Kläver, Christian Küper,
André Terinde, Michael Haverkotte, Matthias Hüsing, Sven
Nawroth, Christin Schmitz, Ralf Wenker, Maren Bachnik,
Stefan Brüggemann, Matthias de Groot, Jochen Jakobs, Andrea
Korthues, Thomas Laukötter, Anna Lindenbaum, Tanja Wenker,
Marcel Wissing, Jörg Woltering

Ausstellungsbüro und Logistik: Manuela Lindenbaum, Ludger
Reinermann, Gordon Trautmann
Kontaktbüro Gemeinde: Lisa Beuker, Bernadette Göcke
Digital-Fotos der Exponate:
Dietrich Jansen
Quellen-Scans:
Klaus Potthoff
Redaktion und Layout:
Heinz Kock

Gesamtherstellung:
Rasch Druckerei + Verlag, Bramsche
Erschienen zur Ausstellung „Visionen der Zukunft" im Rahmen
der Projektes „Ab in die Mitte -2001" in Schöppingen.

Veröffentlichungen des „Archivs der konkreten Utopien" in
der Stiftung Künstlerdorf Schöppingen, Bd.1, herausgegeben
von Josef Spiegel.

Internet:
http://www.kuenstlerdorf.tzs.de
http://www.schoeppingen.de
© Disney International und Quellen
Verlag Stiftung Künstlerdorf Schöppingen und die Autoren
Alle Rechte, insbesondere das Recht auf Vervielfältigung und
Verbreitung sowie Übersetzung, vorbehalten. Kein Teil dieses
Werkes darf in irgendeiner Form ohne Genehmigung reproduziert werden oder unter Verwendung elektronischer Systeme verarbeitet, vervielfältigt oder verbreitet werden.
Verlag Stiftung Künstlerdorf Schöppingen
ISBN 3-9806659-6-8
2. überarbeitete Auflage 2003
Printed in Germany
Kooperationspartner:
Gemeinde Schöppingen, Initiative Schöppingen e.V., Kulturring
Schöppingen e.V.

Projektförderung durch:
„Ab in die Mitte!" - Die City Offensive NRW

Inhalt

Geleitwort - 6

Sprungapparat - 8
Mehrarmige Torwartmütze - 10
Fahrrad-Rasenmäher - 12
Super-Patsche - 14
Mäuseschreck - 16
Automatische Boxpistole - 18
Blech-Bello - 20
Brillantenmaschine - 22
Hutständerchen - 24
Lampel - 26
ERP-Gerät - 28
Golddetektor - 30
Klapphubschrauber - 32
Wasserwanderstiefel - 34
Schwebender Sessel -36
Goldwolf - 38
Gedächtnisstütze - 40
Detektor - 42
Wandernder Spazierstock - 44
Hundeausführapparat - 46
Automatischer Teppichklopfer - 48
Box-Wecker - 50
Malmaschine - 52
Stiefelrad - 54
Künstliche Kuh - 56
Besen-Regenschirm - 58
Automatischer Rasenmäher - 60
Automatischer Fischfütterer - 62
Automatscher Laubrechen - 64
Levitationsgerät - 66
Brieftaubomat - 68
Automatische Schere - 70
Goldvogel - 72
Unsichtbarmachpistole - 74
Morse-Empfangsgerät - 76
Vielfachschreiber - 78
Lichtsucher - 80
Schrumpfstrahl - 82
Elektronischer Einkaufswagen - 84
Wasser-Detektor - 86

Contents

Commentary - 6

Pogo Stick - 8
Multi-Armed Goalie's Cap - 10
Bicycle Lawn Mower - 12
Super Flyswatter - 14
Robot Mouser - 16
Automatic Boxing Pistol - 18
Tin Towser - 20
Artificial Diamond-Making Machine - 22
Two-Armed Hat Stand - 24
Walking Lamp - 26
IRA (Iron ration apparatus) - 28
Gold Detector - 30
CollapsibleHhelicopter - 32
Water Hiking Boots - 34
Floating Chair -36
Gold Grinder - 38
Memory Device - 40
Detector - 42
Automatic Walking Stick - 44
Dog Treadmill - 46
Automatic Carpet Beater - 48
Boxing Alarm Clock - 50
Painting Machine - 52
Boot Wheel - 54
Artificial Cow - 56
Umbrella Broom - 58
Automatic Lawn Mower - 60
Automatic Fish Feeder - 62
Automatic Rake - 64
Levitation Machine - 66
Robot Carrier Pigeon - 68
Automatic Scissors - 70
Gold-Sniffing Bird 72
Invisible Writing Pistol - 74
Morse Code Receiver - 76
Automatic Writing Machine - 78
Light Seeker - 80
Miniaturizing Beam - 82
Electronic Shopping Cart - 84
Water Detector - 86

Zum Geleit

„Dem Ingenieur ist nichts zu schwör"

Eine Ausstellung mit dreidimensionalen Nachbauten bisher nicht verwirklichter Erfindungen

„Die Kunst lebt von Erfindungen der Phantasie, die Wissenschaft macht die Erfindungen der Phantasie zur Wirklichkeit." Dieses Bonmot von Maxim Gorki mag wie ein Leitmotiv über dem vorliegenden Ausstellungsprojekt stehen, betont es doch das enge Zusammenspiel von Kunst und Wissenschaft, von Phantasie und Wirklichkeit, von der möglichen Idee und deren tatsächlicher Umsetzung. Im Mittelpunkt der Ausstellung mit dem bewußt ironisch gewählten Titel „Dem Ingenieur ist nichts zu schwör" stehen nämlich all jene Erfindungen, die im weiten Reich der Phantasie bereits ihre Geburtsstunde erlebt haben, aber bisher nie realisiert wurden. Die nachfolgend vorgestellten Erfindungen stammen nämlich zumeist aus jenen Bereichen der sogenannten Trivialliteratur, die wie Comics oder Science Fiction Romane kulturell häufig immer noch verpönt und mißachtet sind. Prof. Knox, Superman oder Daniel Düsentrieb erleben folglich mit dieser Ausstellung eine kleine nachträgliche Ehrung für ihre ungemein ingeniöse Arbeit. Denn ihre Erfindungen sind mehr als Anekdoten der Comic- und Science Fiction Geschichte. Sie sind sowohl Botschafter der Phantasie als auch Ausdruck menschlicher Träume. Sie vermitteln in ihrer Ungezwungenheit das grenzenlose Spiel der Möglichkeiten und sie setzen auf die grenzenlose Freiheit des Fabulierens. Humor, Witz und Ironie haben ihnen folglich Pate gestanden. Damit aber nicht genug.

Bei allem Augenzwinkern berührt fast jede dieser Erfindungen im Kern tatsächlich auch einen Wunsch und eine Sehnsucht. Mögen die dargestellten Erfindungen auch noch so spitzfindig überzogen oder ironisch verfremdet erscheinen, archetypisch betrachtet geht es bei ihnen nahezu immer um Zentrales: nämlich um den Versuch einer Ausweitung der menschlichen Möglichkeiten. Den Raum und die Zeit zu überwinden oder einfach den Alltag vorteilhaft zu bewältigen sind Grundmotive besagter Erfindungen. Dies gilt für die futuristisch anmutende Zeitmaschine ebenso wie für den humorvoll offerierten automatischen Laubrechen oder die wohl nie zum Einsatz gelangende mehrarmige Torwartmütze.

Im angestrebten Ziel, die menschlichen Möglichkeiten zu erweitern, liegt dann auch die entscheidende Schnittmenge von Fiktion und Realität. Antrieb und Geburtshelfer fast jeder richtungsweisenden Idee sind nämlich tatsächlicher Mangel oder empfundenes Ungenügen. Allein ein vorsichtiger Blick auf die Vergangenheit macht dabei deutlich, dass vieles, was früher als pure Phantasterei oder reines Wunschdenken abgetan wurde, später mit Leichtigkeit eine Verankerung in unserer Welt gefunden hat. Vorsicht ist also geboten bei einer vorschnellen Abqualifizierung der vermeintlichen Spinnerei. Die Wirklichkeit hat längst viele frühere Phantasien eingeholt - zuweilen gar überholt. Beispielhaft sei in diesem Zusammenhang nur der Name Jules Verne genannt. Seine „Reise zum Mond" etwa ist mittlerweile tatsächlich vollzogen worden. So gilt auch heute, dass erst die Zukunft ein abschließendes Urteil über die Umsetzbarkeit und den Wert neuer Ideen abgeben wird.

Damit aber wird ein weiteres Fundament dieser Ausstellung angedeutet. Bewußt haben die Ausstellungsmacher den Blick von der Oberfläche, dem Hauptstrom, der „rush hour" weggewendet. Ebenso bewußt haben sie die Ränder, die Marginalie, die scheinbare Nebensächlichkeit gesucht und auf einer erstaunlichen Entdeckungsreise vielfach gefunden. Kreativität, so lautet ein dieser Ausstellung unterlegtes Glaubensbekenntnis, findet auch und vielleicht gerade in den Randbereichen unserer Gesellschaft statt. Folglich beinhalten Innovation, Kreativität und Zukunftsorientiertheit zuweilen auch das Verlassen der Hauptlinien und das Aufsuchen der Ränder. Wir begreifen die Marginalie folglich als Chance, verstehen die „fixe Idee" als mögliche Zukunftsinvestition und sehen im freien Spiel der Phantasie ein probates Mittel tatsächlich Neues zu entdecken. Der Gedanke des Risikos ist damit aber ebenso umschrieben wie auch der des möglichen Scheiterns ohne Furcht einkalkuliert ist.

Ausgestattet mit diesem theoretischen Rüstzeug, haben wir anhand ausgesuchter Entwürfe, die uns in Form von Bildern vorlagen, bisher nicht-realisierte Erfindungen als dreidimensionale Objekte nachbauen lassen. Der Schöppinger Allround-Techniker Norman Fuchs hat einen Großteil dieser Erfindungen erstellt. Ferner haben nach seinen Vorgaben und unter Leitung des Rektors Harald Hausmann Schüler der hiesigen Hauptschule weitere Erfindungen umgesetzt. Insgesamt haben auf diese Weise rund fünfzig Objekte den Weg aus der zweidimensionalen in die dreidimensionale Welt gefunden, die zunächst in der Galerie „F6" des Künstlerdorfes und anschließend in den Schaufenstern und Ausstellungsräumen der Schöppinger Geschäfte und anderer öffentlich zugänglicher Räume präsentiert werden.

Beim Nachbau, dies sei abschließend bemerkt, stand nicht die Frage nach dem Funktionieren, wohl aber die nach der Ästhetik, nach der Schönheit und damit verbundenen die Frage nach dem sinnlichen Ausdruck im Vordergrund. Mit jedem verwirklichten Objekt wurde deutlicher, dass die ins Dreidimensionale transportierten Bilder und Ideen sinnlich überzeugend an Kraft gewannen. Dies war unser wichtigstes Ziel. Ohne Zweifel, das Funktionieren wäre wünschenswert gewesen. Dieser fromme Wunsch aber zeigte sich schon im Vorfeld angesichts etwa von ausgestellten Zeitmaschinen als offenkundig überzogen.

So bleibt für die Zukunft auch hier das Prinzip Hoffnung oder anders formuliert, eine einmal gedachte Idee läßt sich nur schwerlich aus der Welt verdrängen, zumal sie durch die nun nachgebauten Objekte nachhaltige Schützenhilfe bekommen hat.

Dank geht an alle Helfer und Beteiligten. Dank geht auch an Disney International und die anderen Quellen für die herrliche Grundlagenarbeit und das Wohlwollen, das dem Projekt entgegengebracht wurde.

Josef Spiegel

Commentary

„The Engineer in Full Gear"

An Exhibit of Three-Dimensional Objects Based on Imaginary Inventions

"Art depends upon inventions of fantasy. Science turns the inventions of fantasy into reality." This bon mot from Maxim Gorky might be a good motto for the exhibition project here, for it underscores the close interplay between art and science, imagination and reality, which occurs when an idea is taken from possibility to reality. The exhibition's consciously ironic title is "The Engineer in Full Gear" and it focuses on all of those inventions that imagination has already given birth to, but which have not been realized up until now. The inventions introduced here come mostly from that field of so-called "trivial" literature - as comics or science fiction novels are known in certain cultural circles, where they are still often frowned upon or disparaged. In this exhibition, Prof. Knox, Superman, or Gyro Gearloose are belatedly honored for their extraordinarily ingenious work, for their inventions are more than just anecdotes in the histories of comics and science fiction. They are messengers of the imagination, as well as the expression of human dreams. In their informality, they convey boundless possibilities and they have faith in the limitless freedom of the fabulist. Of course, they owe much to humor, wit, and irony.

But that's not all. Despite all of their irony, practically every one of these inventions actually does - at its core - touch upon a desire, a longing. Whether over-precise, exaggerated, or ironically alienated, the inventions depicted almost always have a significant archetypical focus: the attempt to expand human potential. Overcoming space and time or simply getting through the day conveniently are reason enough for these inventions. This is true for the futuristic time machine as well as the humorous automatic rake or the multi-armed goalie's cap, which will probably never be put to use.

Attempts to broaden human opportunities include the crucial point where fiction meets reality. Actually, it is the lack of something or a feeling of dissatisfaction that can act as the driving force (and midwife) for almost every pioneering idea. Even a casual look at the past makes it clear that many things that were at first simply dismissed as pure fantasy or wishful thinking later easily found a place in our world. Caution is also required before too quickly dismissing supposedly "crazy" ideas. Reality has caught up fast with many old fantasies, has even surpassed them every now and then. Jules Verne's works are excellent examples. His "Journey to the Moon", for instance, has actually been realized in the meantime. Therefore it is also reasonable today to believe that the future will be the final judge of a new idea, determining if it is valid and can be carried out.

This introduces yet another reason for this show. The curators have consciously turned away from the superficial, the mainstream, the "rush hour". Just as consciously, they have searched for the peripheries, the margins, the apparently insignificant things, and they have found much on their astonishing journey of discovery. Creativity - or so says one of the mottoes underlying this exhibition - also happens in the peripheries of our society, perhaps even precisely there. It follows that in order to be innovative, creative, and future-oriented, we occasionally have to depart from the main line to find the peripheries. We believe therefore that the margins represent an opportunity; we understand that obsession can be a possible investment in the future and regard imagination as a tried and true way to actually discover something new. This changes our attitude toward risk as much as it reckons with possible failure or fear.

Equipped with this theoretical armor, we selected designs in the form of pictures - inventions unrealized up until now - and had them built as three-dimensional objects. All-around techie Norman Fuchs of Schöppingen has built a large number of these inventions. In addition, students of the local Hauptschule have constructed other inventions according to Fuchs's plans, under the direction of Principle Harald Hausmann. In this way, about fifty objects altogether have found a path out of the two-dimensional world into the three-dimensional one. The models were first presented in "F6", the village art gallery, and then later in the shop windows and galleries of businesses in Schöppingen and other public spaces.
It was finally remarked during construction that we were not concerned with making functional objects. Instead, the focus was on the aesthetics, the beauty of the objects, which naturally lead us to the issue of physical expression. With every completed object, it became clearer that the pictures and ideas gained a more convincing power when transformed into three dimensions. This was our most important goal. Without a doubt, it would have been nice if they had worked. But faced with objects such as a time machine, this earnest wish soon proved too much.
So, here, too, we must put our hope in the future - or to put it another way, it's hard to rid the world of a thought once it's been thought, especially when material objects have reinforced it.

Thanks go to all helpers and participants. Thanks also to Disney International and the other sources for the splendid fundamental work and the good will shown the project.

Josef Spiegel

Sprungapparat

Sprungapparat
Erfinder: Daniel Düsentrieb
(MM 42/82, S. 33)

Pogo Stick
Inventor: Daniel Düsentrieb
(MM 42/82, p. 33)

Pogo Stick

Mehrarmige Torwartmütze

Mehrarmige Torwartmütze
Erfinder: Daniel Düsentrieb
(MM 40/74, Titel)

Multi-Armed Goalie's Cap
Inventor: Daniel Düsentrieb
(MM 40/74, Cover)

Multi-Armed Goalie's Cap

Fahrrad-Rasenmäher

Fahrrad-Rasenmäher
Erfinder: Daniel Düsentrieb
(MM 38/70, Titel)

Bicycle Lawn Mower
Inventor: Daniel Düsentrieb
(MM 38/70, Cover)

Bicycle Lawn Mower

„Super-Patsche"

„Super-Patsche"
Vollautomatische Fliegenklatsche
Erfinder: Daniel Düsentrieb
(MM 49/82, S. 11)

„Super Flyswatter"
Inventor: Daniel Düsentrieb
(MM 49/82, Cover)

„Super Flyswatter"

„Mäuseschreck"

„Mäuseschreck"
Vollautomatische Katze
Erfinder: Daniel Düsentrieb
(MM 52/82, S. 16)

„Robot Mouser"
Fully automated cat
Inventor: Daniel Düsentrieb
(MM 52/82, p. 16)

„Robot Mouser"

Automatische Boxpistole

Automatische Boxpistole
Erfinder: anonym
(MM 25/66, S. 33)

Automatic Boxing Pistol
Inventor: Daniel Düsentrieb
(MM 25/66, p. 33)

Automatic Boxing Pistol

„Blech-Bello"

„Blech-Bello"
Automatischer Such- und Spürhund
Erfinder: Daniel Düsentrieb
(MM 26/66, S. 16)

„Tin Towser"
Automatic hunting dog
Inventor: Daniel Düsentrieb
(MM 26/66, p. 16)

„Tin Towser"

Maschine zur Herstellung von künstlichen Brillanten aus Glyzerin

Maschine zur Herstellung von künstlichen Brillanten aus Glyzerin.
Erfinder: Daniel Düsentrieb
(MM 52/66, S. 13)

Machine for making artificial diamonds out of glycerin.
Inventor: Daniel Düsentrieb
(MM 52/66, p. 13)

Artificial Diamond-Making Machine

Hutständerchen - zweiarmig

Hutständerchen - zweiarmig
Dient als Hutablage und tätschelt/massiert zugleich.
Erfinder: Daniel Düsentrieb
(MM 52/66, S. 13)

Two-armed Hat Stand
Serves as a hat stand and masseuse at the same time.
Inventor: Daniel Düsentrieb
(MM 52/66, p. 13)

Two-Armed Hat Stand

„Lampel"

„Lampel"
Kombinierte Buchhalter- und
Wanderlampe
Erfinder: Daniel Düsentrieb
(MM 24/73, S. 9)

„Walking Lamp"
Combined book holder and walking lamp
Inventor: Daniel Düsentrieb
(MM 24/73, p. 9)

„Walking Lamp"

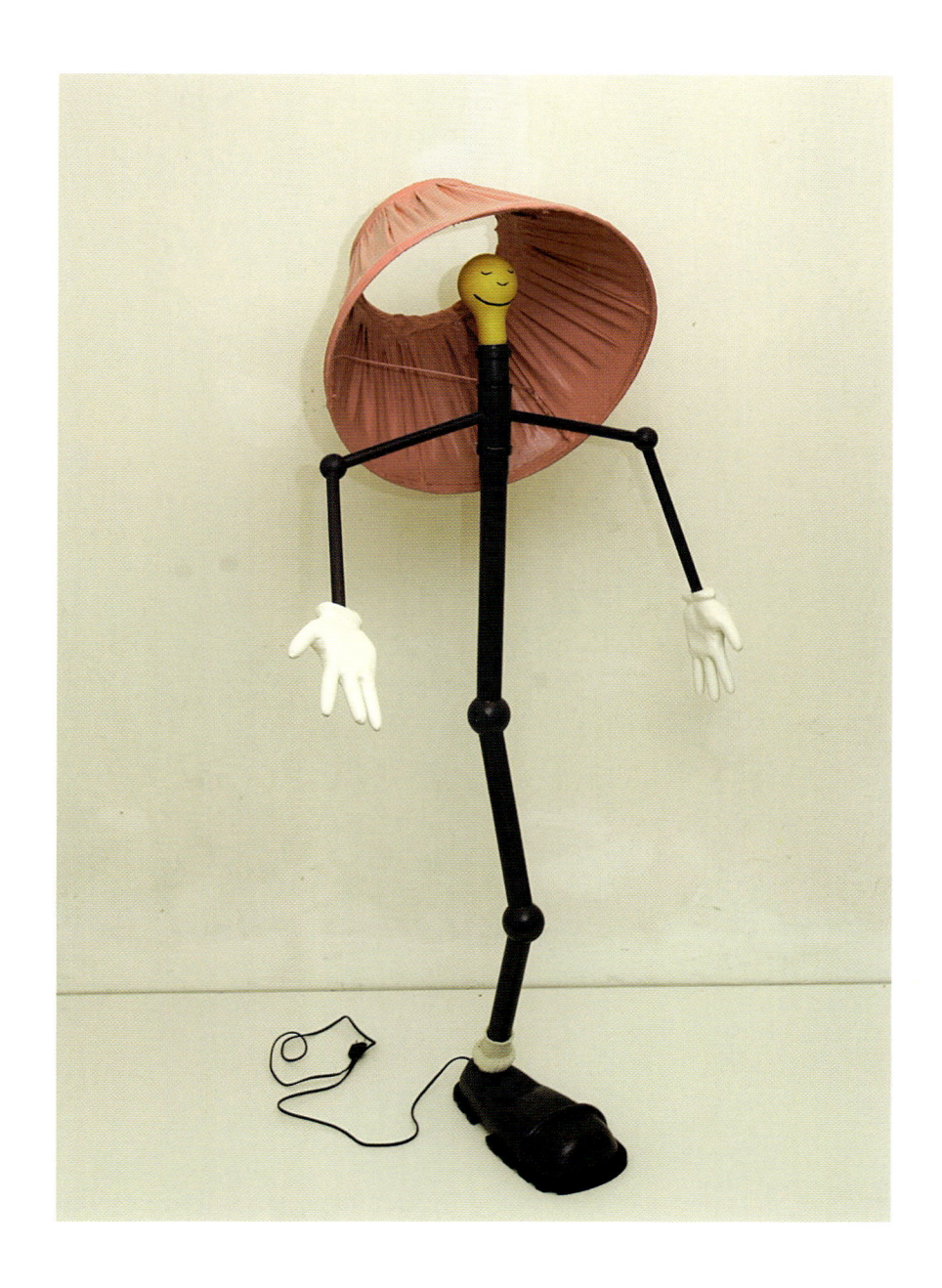

ERP-Gerät
(ERP = Eiserne Patentration)

ERP-Gerät (ERP = Eiserne Patentration)
Verwandelt Sand/Erde in Lebensmittel
Erfinder: Daniel Düsentrieb
(MM 20/64, S. 9)

IRA (Iron Ration Apparatus)
Changes sand or dirt into food.
Inventor: Daniel Düsentrieb
(MM 20/64, p. 9)

IRA (Iron Ration Apparatus)

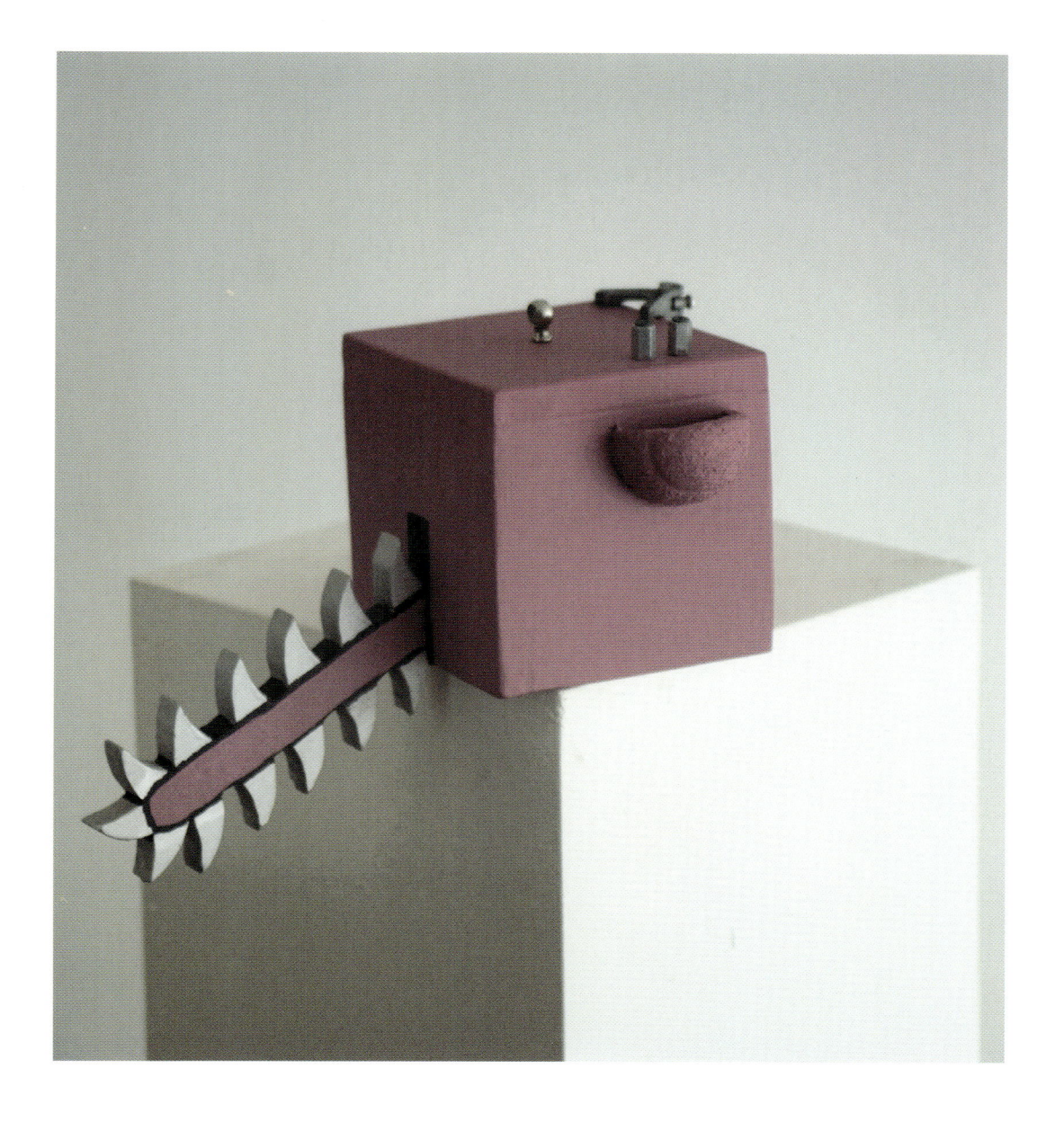

Golddetektor

Golddetektor
Sein elektronisches Auge zeigt Größe, Form und Tiefenlage des edlen Metalls an.
Erfinder: Daniel Düsentrieb
(MM 1/78, S. 2)

Gold Detector
Its electronic eye shows the size, shape, and depth of the precious metal.
Inventor: Daniel Düsentrieb
(MM 1/78, p. 2)

Gold Detector

Zusammenklappbarer Hubschrauber

Zusammenklappbarer Hubschrauber
Erfinder: Daniel Düsentrieb
(MM 3/65, S. 10)

Collapsible Helicopter
Inventor: Daniel Düsentrieb
(MM 3/65, p. 10)

Collapsible
Helicopter

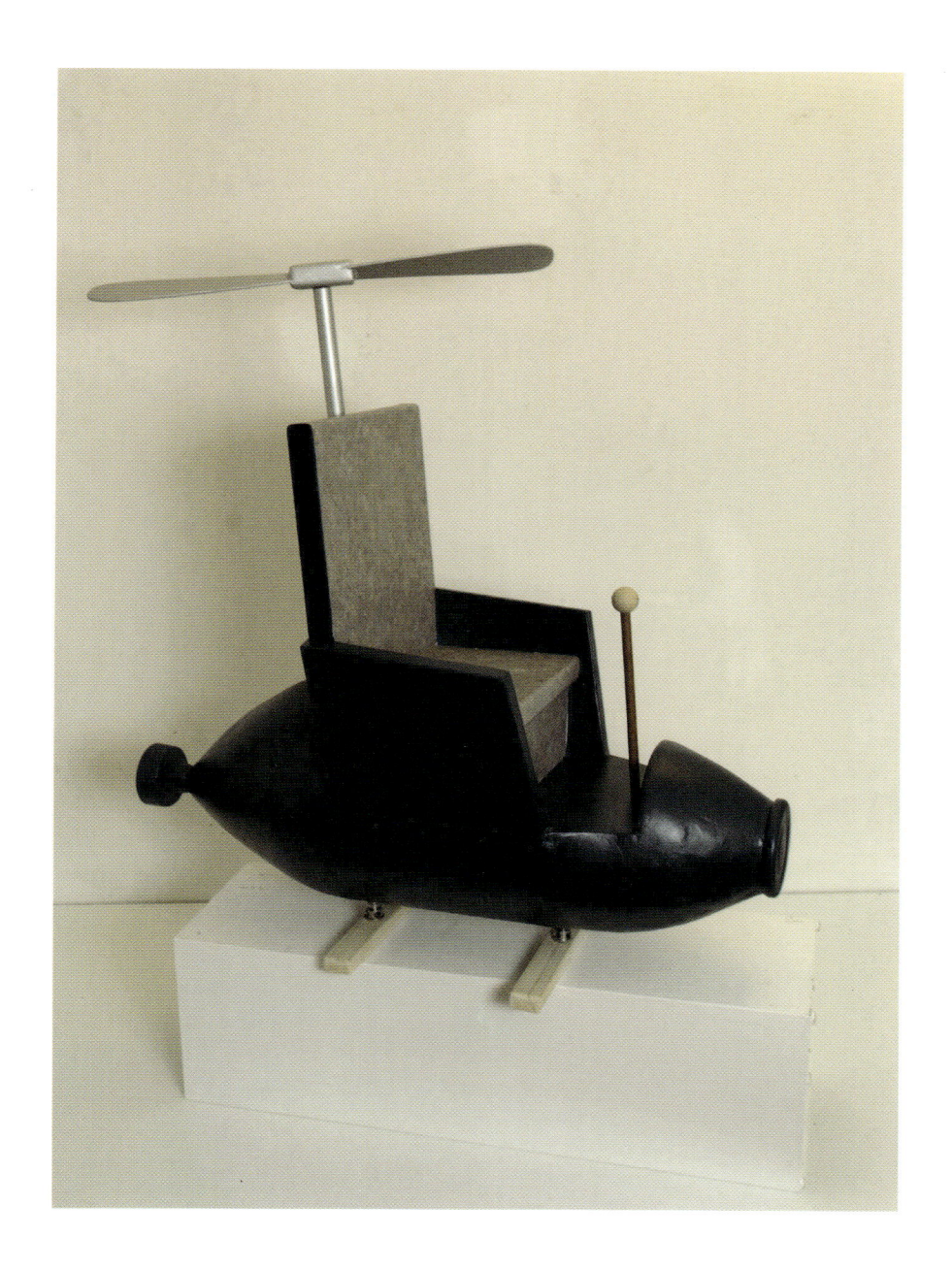

Wasserwanderstiefel

Wasserwanderstiefel
Erfinder: Daniel Düsentrieb
(MM 3/65, S. 12)

Water Hiking Boots
Inventor: Daniel Düsentrieb
(MM 3/65, p. 12)

Water Hiking Boots

Schwebender Sessel

> Mein Ruf als Erfinder steht auf dem Spiel. Eine Runde hab' ich schon verloren. Die nächste muß ich gewinnen.

Schwebender Sessel
Erfinder: Daniel Düsentrieb
(MM 3/65, S. 12)

Floating Chair
Inventor: Daniel Düsentrieb
(MM 3/65, p. 12)

Floating Chair

Goldwolf

Goldwolf
Macht aus Eisen Gold.
Erfinder: Daniel Düsentrieb
(MM 18/77, S. 3)

Gold Grinder
Turns iron into gold.
Inventor: Daniel Düsentrieb
(MM 18/77, p. 3)

Gold Grinder

Gedächtnisstütze

Gedächtnisstütze
Kann auf dem Kopf unter dem Hut getragen werden.
Erfinder: Daniel Düsentrieb
(MM 6/81, S. 34)

Memory Device
Can be worn on the head, under a hat.
Inventor: Daniel Düsentrieb
(MM 6/81, p. 34)

Memory Device

Detektor

Detektor
Eignet sich für die Entdeckung von Dingen, die es eigentlich nicht gibt.
Erfinder: Daniel Düsentrieb
(MM 10/66, S. 34)

Detector
Good for discovering things which don't actually exist.
Inventor: Daniel Düsentrieb
(MM 10/66, p. 34)

Detector

Wandernder Spazierstock

Wandernder Spazierstock
Erfinder: Daniel Düsentrieb (zugeschrieben)
(MM 7/70 Titel)

Automatic Walking Stick
Inventor: Daniel Düsentrieb (ascribed)
(MM 7/70 Cover)

Automatic Walking Stick

Apparat zum automatischen
Hundeausführen

Apparat zum automatischen
Hundeausführen
Erfinder: Daniel Düsentrieb
(MM 39/73, S. 14)

Dog Treadmill
Automatic dog-walker
Inventor: Daniel Düsentrieb
(MM 39/73, p. 14)

Dog Treadmill

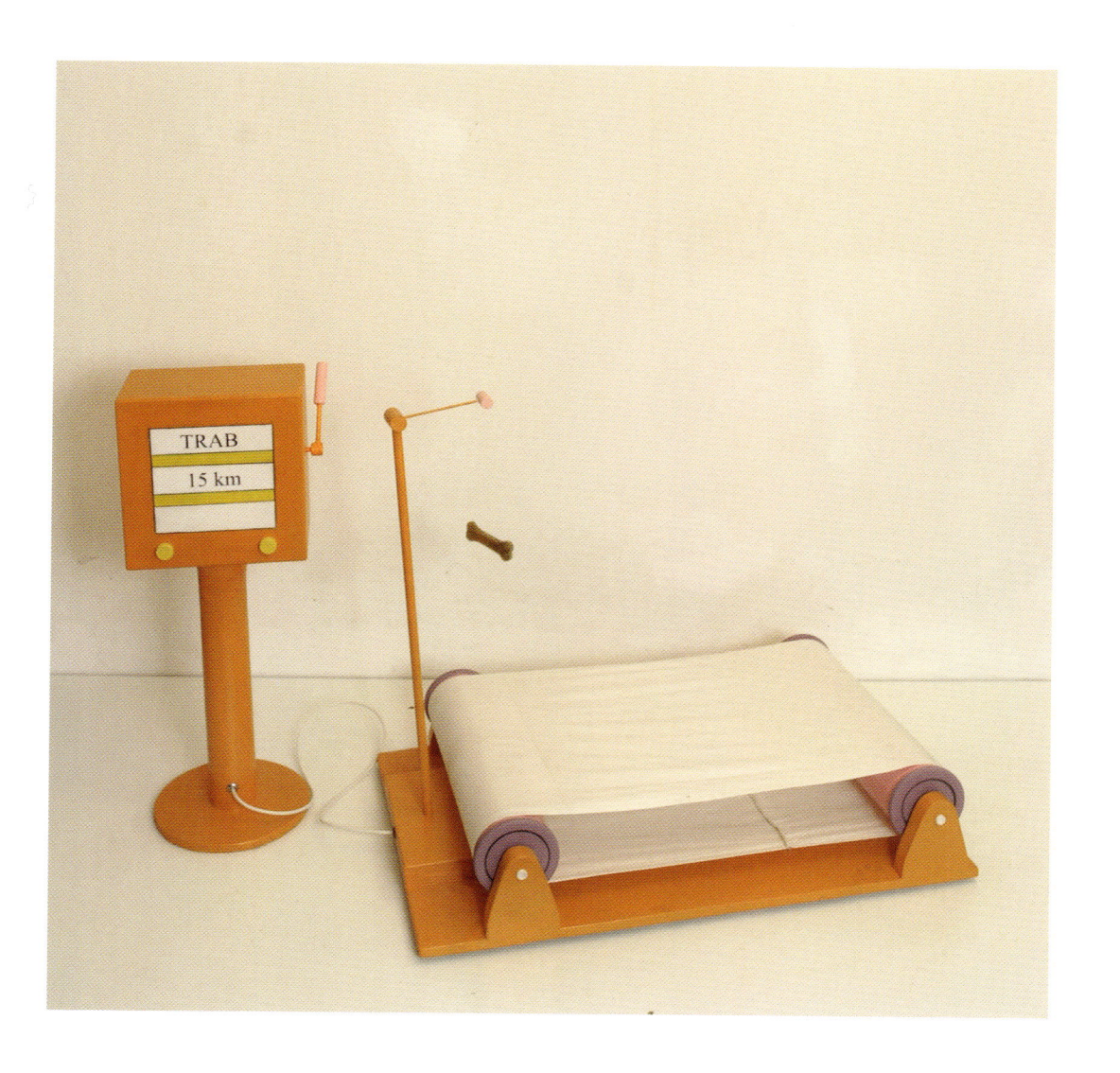

Automatischer
Kleider- und Teppichklopfer

Automatischer Teppichklopfer
Erfinder: Daniel Düsentrieb
(MM 51/77, S. 34)

Automatic Carpet Beater
Inventor: Daniel Düsentrieb
(MM 51/77, p. 34)

Automatic
Carpet Beater

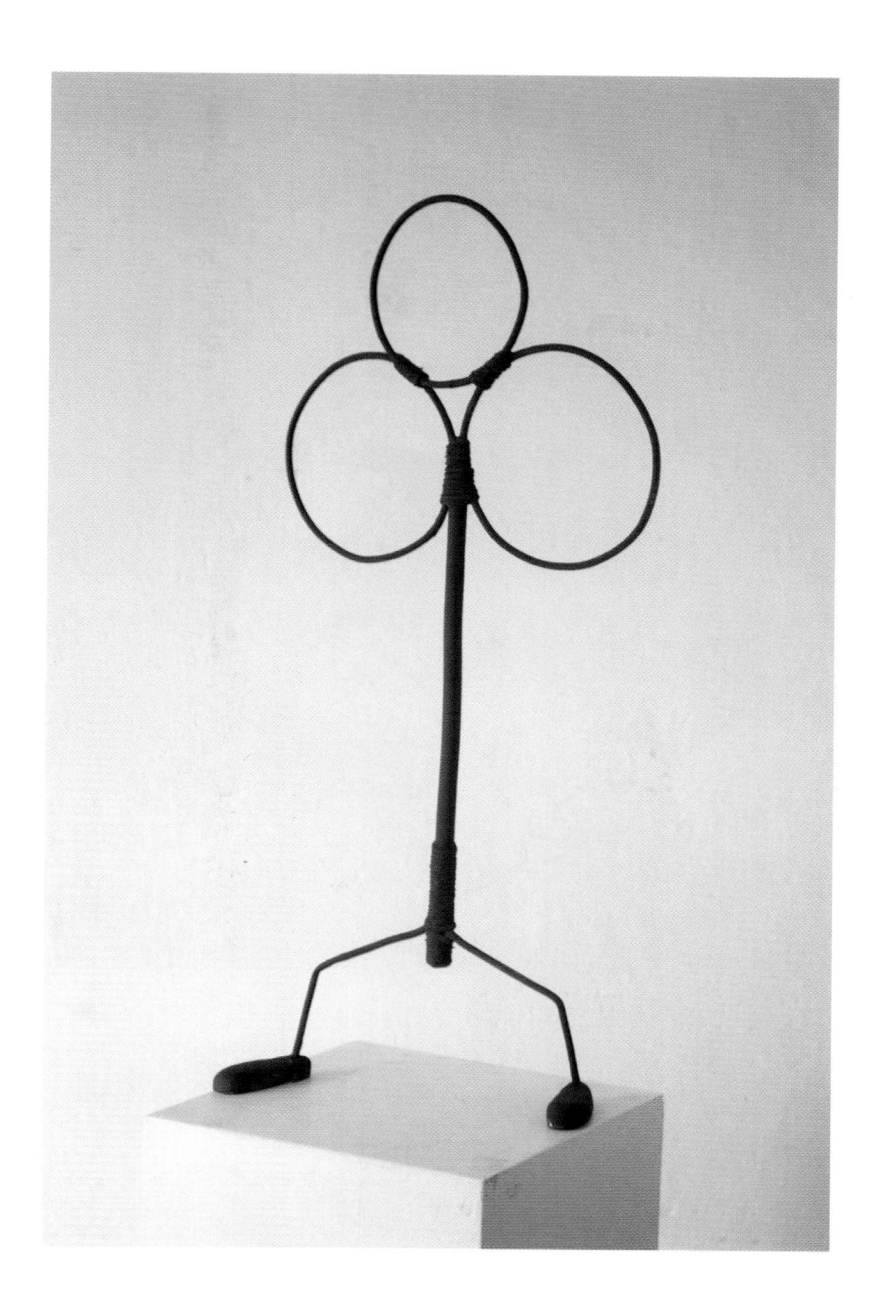

Box-Wecker

Box-Wecker
Erfinder: Daniel Düsentrieb
(MM 29/67, S. 13)

Boxing Alarm Clock
Inventor: Daniel Düsentrieb
(MM 29/67, p. 13)

Boxing Alarm Clock

Malmaschine

Malmaschine zum Streichen von Wänden
Erfinder: Daniel Düsentrieb
(MM 29/67, S. 13)

Painting machine, paints walls
Inventor: Daniel Düsentrieb
(MM 29/67, p. 13)

Painting Machine

Stiefelrad

Stiefelrad
Erfinder: Daniel Düsentrieb
(MM 19/67, S. 12)

Boot Wheel
Inventor: Daniel Düsentrieb
(MM 19/67, p. 12)

Boot Wheel

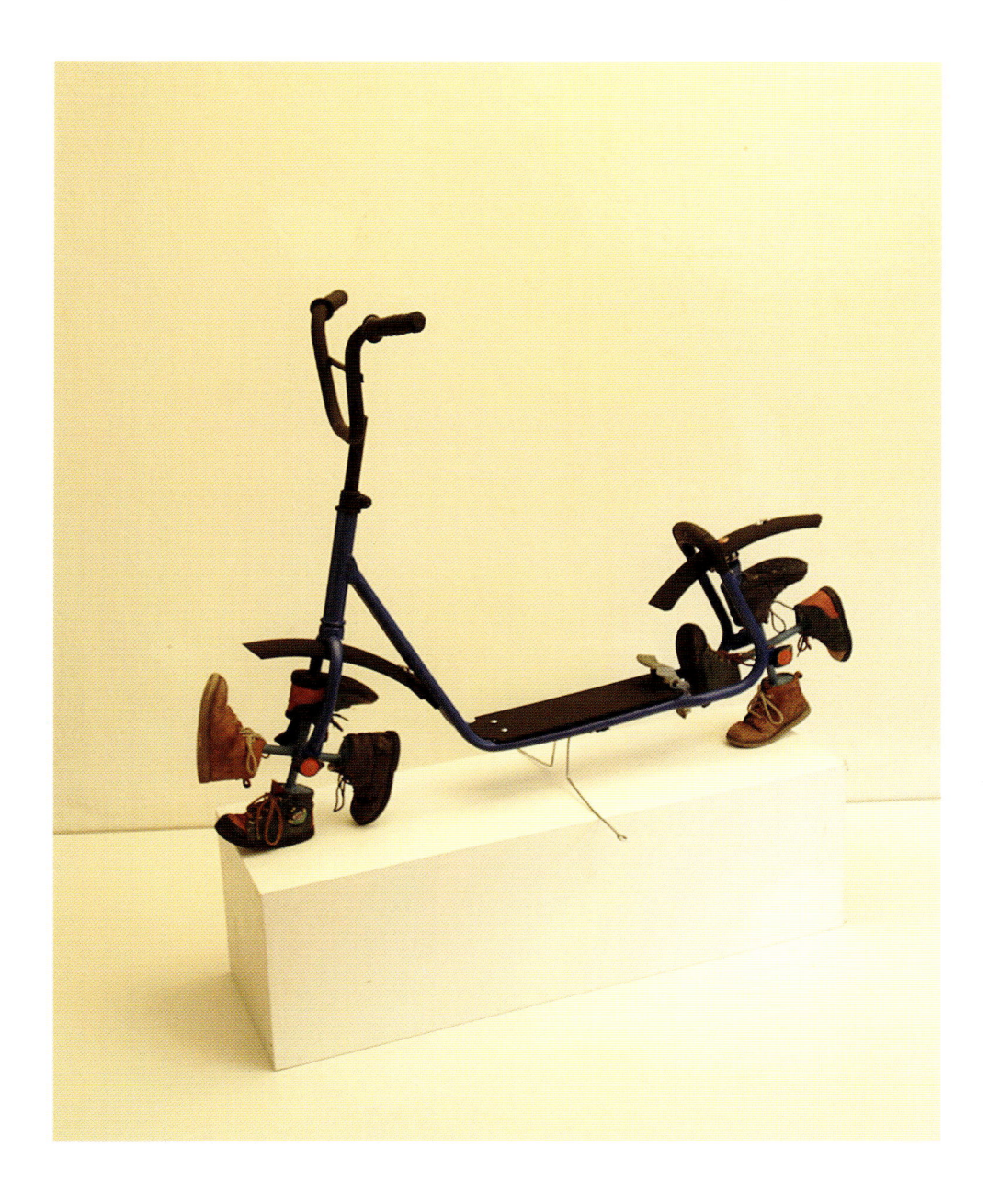

Künstliche Kuh

Automatische Tiere - Künstlicher Hahn, Hühner, Rind
Erfinder: Daniel Düsentrieb
(MM 42/67, S. 6-7)

Artificial animals - Artificial rooster, chicken, cow
Inventor: Daniel Düsentrieb
(MM 42/67, p. 6-7)

Artificial Cow

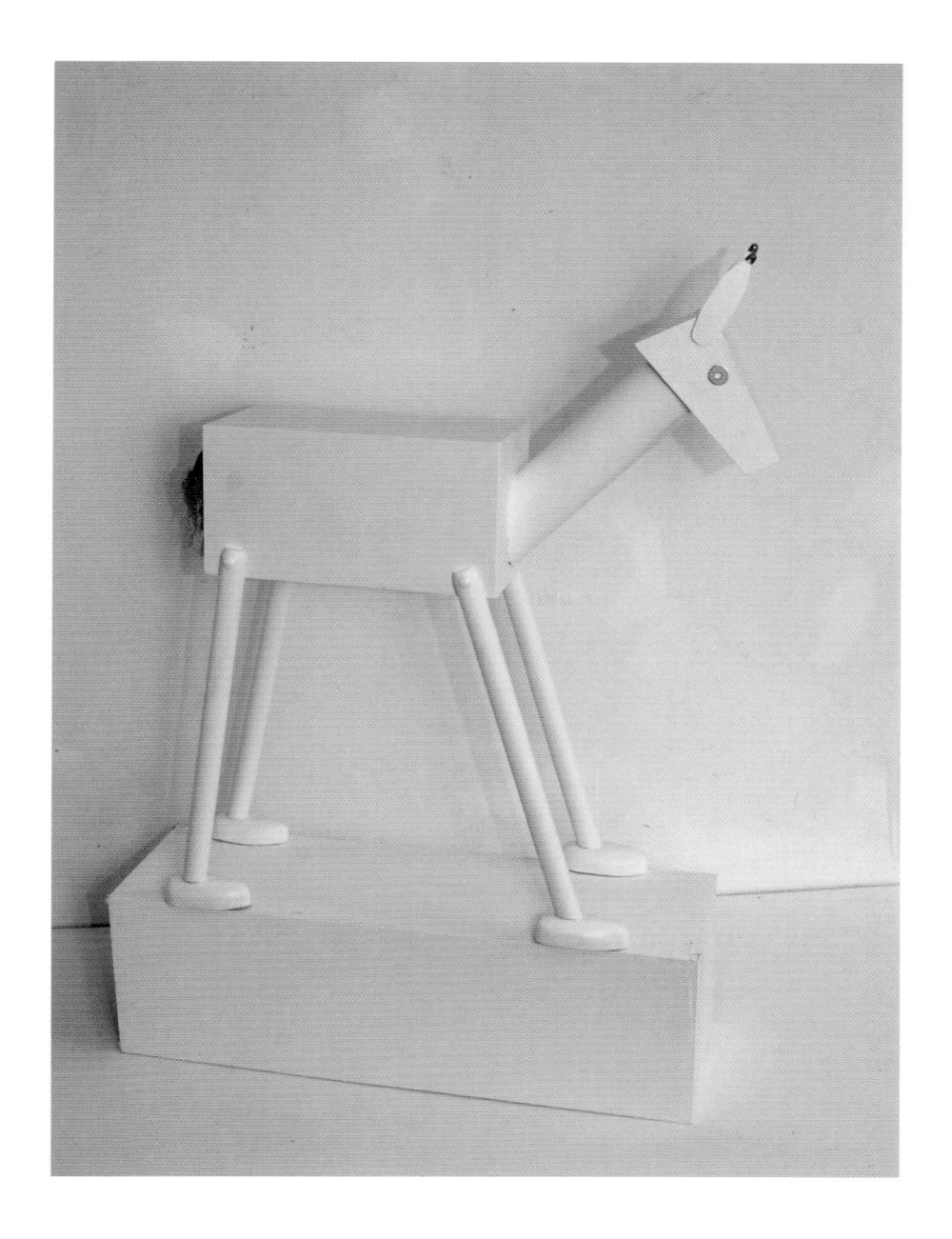

Kombinierter Besen-Regenschirm

Kombinierter Besen-Regenschirm
Erfinder: Daniel Düsentrieb
(MM 49/74, Titel)

Umbrella Broom
Inventor: Daniel Düsentrieb
(MM 49/74, Title)

Umbrella Broom

Automatischer Rasenmäher

Automatischer Rasenmäher
Erfinder: Goofy
(MM 10/72, S. 14)

Automatic Lawn Mower
Inventor: Goofy
(MM 10/72, p. 14)

Automatic Lawn Mower

Automatischer Fischfütterer

Automatischer Fischfütterer
Erfinder: Goofy
(MM 10/72, S. 14)

Automatic Fish Feeder
Inventor: Goofy
(MM 10/72, p. 14)

Automatic Fish Feeder

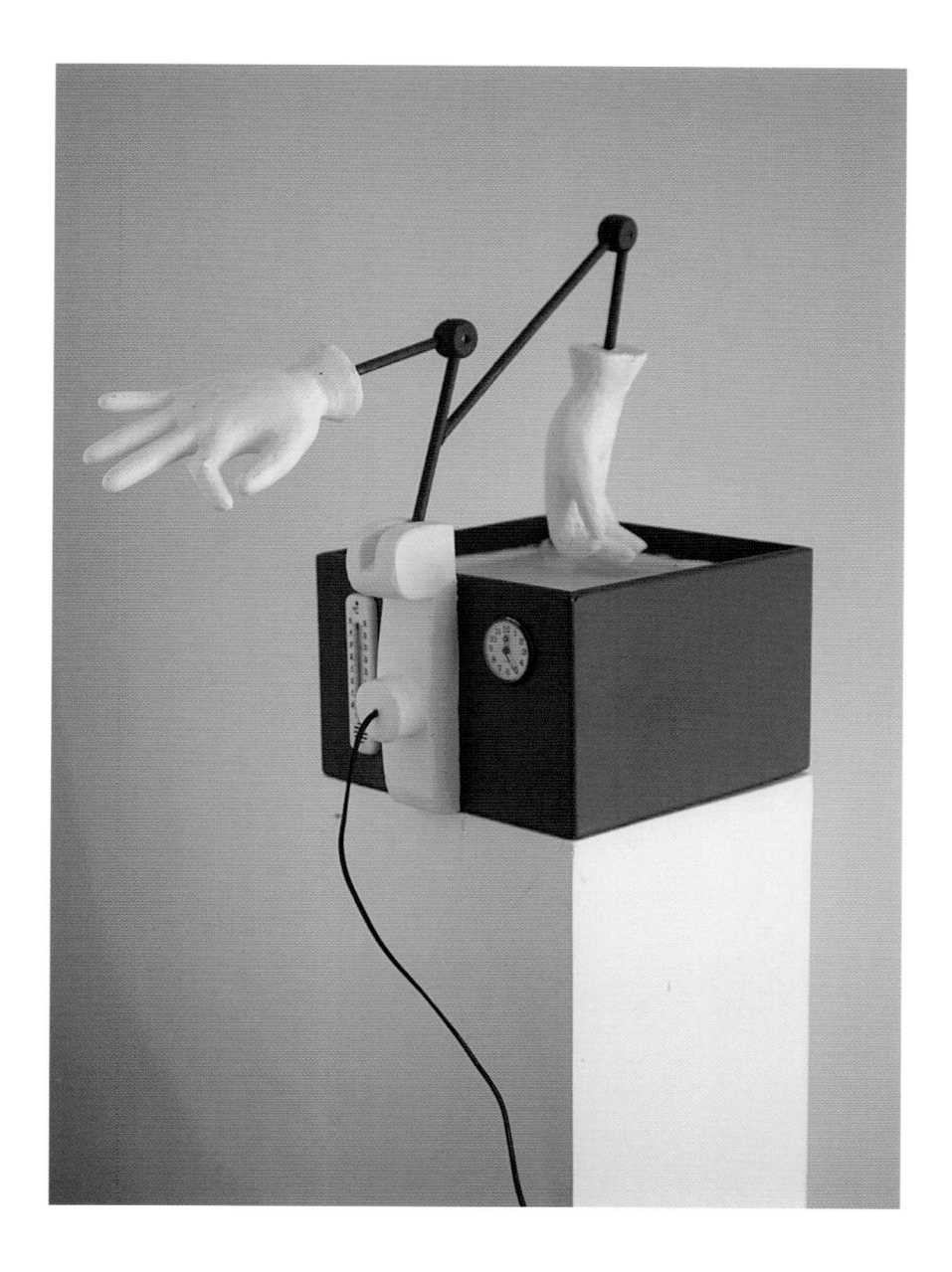

63

Automatischer Laubrechen

Automatischer Laubrechen
Erfinder: Goofy
(MM 10/72, S. 14)

Automatic Rake
Inventor: Goofy
(MM 10/72, p. 14)

Automatic Rake

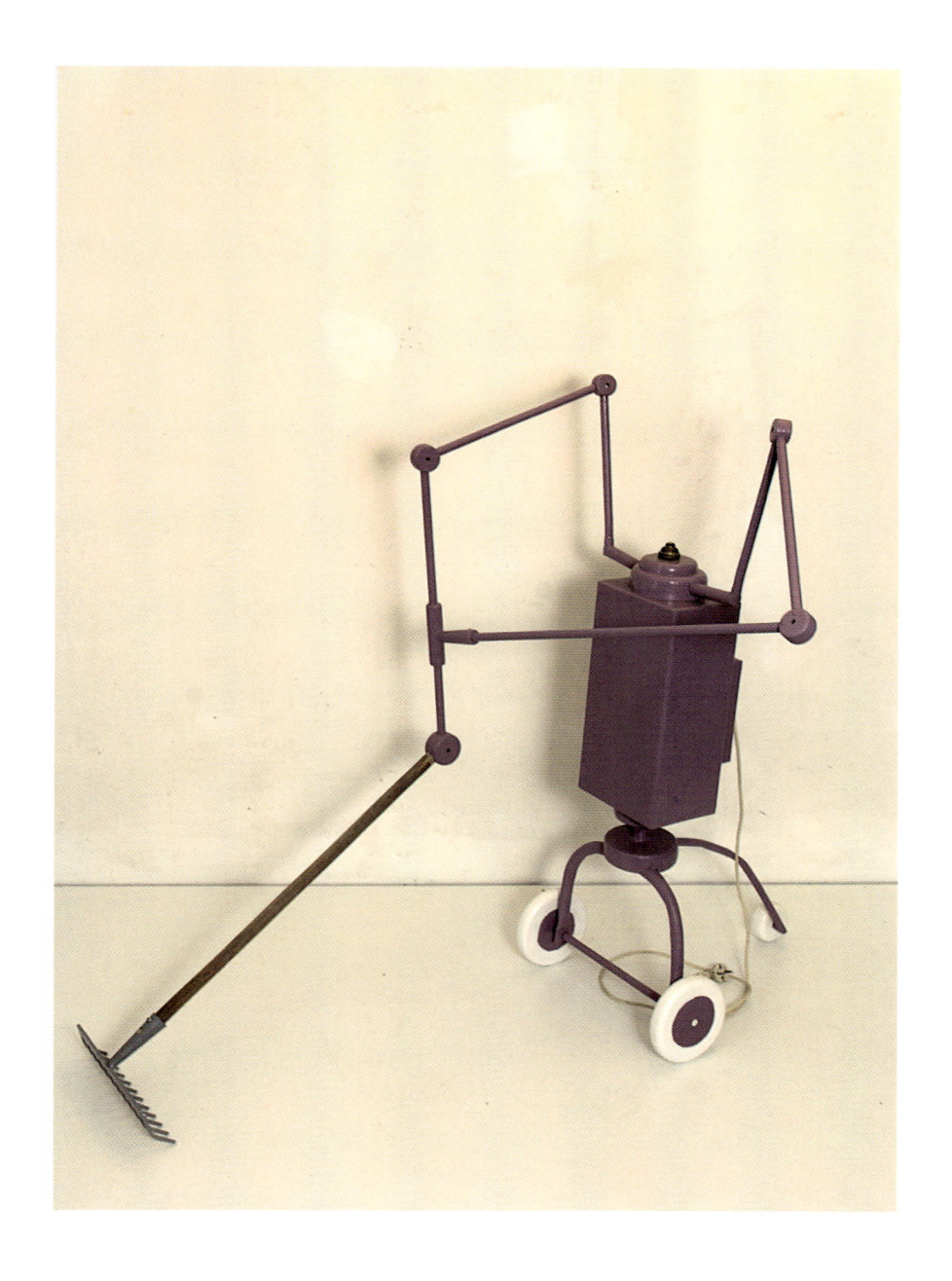

Levitationsgerät

Levitationsgerät
Zum Leichtermachen von Personen und Gegenständen.
Erfinder: Daniel Düsentrieb
(MM 3/76, S. 26)

Levitation Machine
Makes people and objects lighter.
Inventor: Daniel Düsentrieb
(MM 3/76, p. 26)

Levitation Machine

„Brieftaubomaten"

„Brieftaubomaten"
Automatische Brieftauben
Erfinder: Daniel Düsentrieb
(MM 48/70, S. 11)

„Robot Carrier Pigeon"
Inventor: Daniel Düsentrieb
(MM 48/70, p. 11)

„Robot Carrier Pigeon"

Automatische Schere

Automatische Schere
Erfinder: Daniel Düsentrieb
(MM 41/65, S. 13)

Automatic Scissors
Inventor: Daniel Düsentrieb
(MM 41/65, p. 13)

Automatic Scissors

Goldvogel

Goldvogel
Zeigt an, was wirklich aus Gold ist.
Erfinder: Tick, Trick und Track
(MM 1/78, S. 3)

Gold-Sniffing Bird
Detects real gold.
Inventor: Tick, Trick und Track
(MM 1/78, p. 3)

Gold-Sniffing Bird

Pistole zum Unsichtbarmachen
von Schrift

Pistole zum Unsichtbarmachen von Schrift
Erfinder: Prof. Knallerich
(Fix und Foxi: Nr. 43, 19. Jg., S. 11)

Invisible Writing Pistol
Inventor: Prof. Knallerich
(Fix und Foxi: No. 43, 19. yr., p. 11)

Invisible Writing Pistol

Morse-Empfangsgerät

Morse-Empfangsgerät für das Weltall
Erfinder: Prof. Knox
(Fix und Foxi: Nr. 32, 17. Jg., S. 5)

Outer space Morse code receiver
Inventor: Prof. Knox
(Fix und Foxi: No. 32, 17. yr., p. 5)

Morse Code Receiver

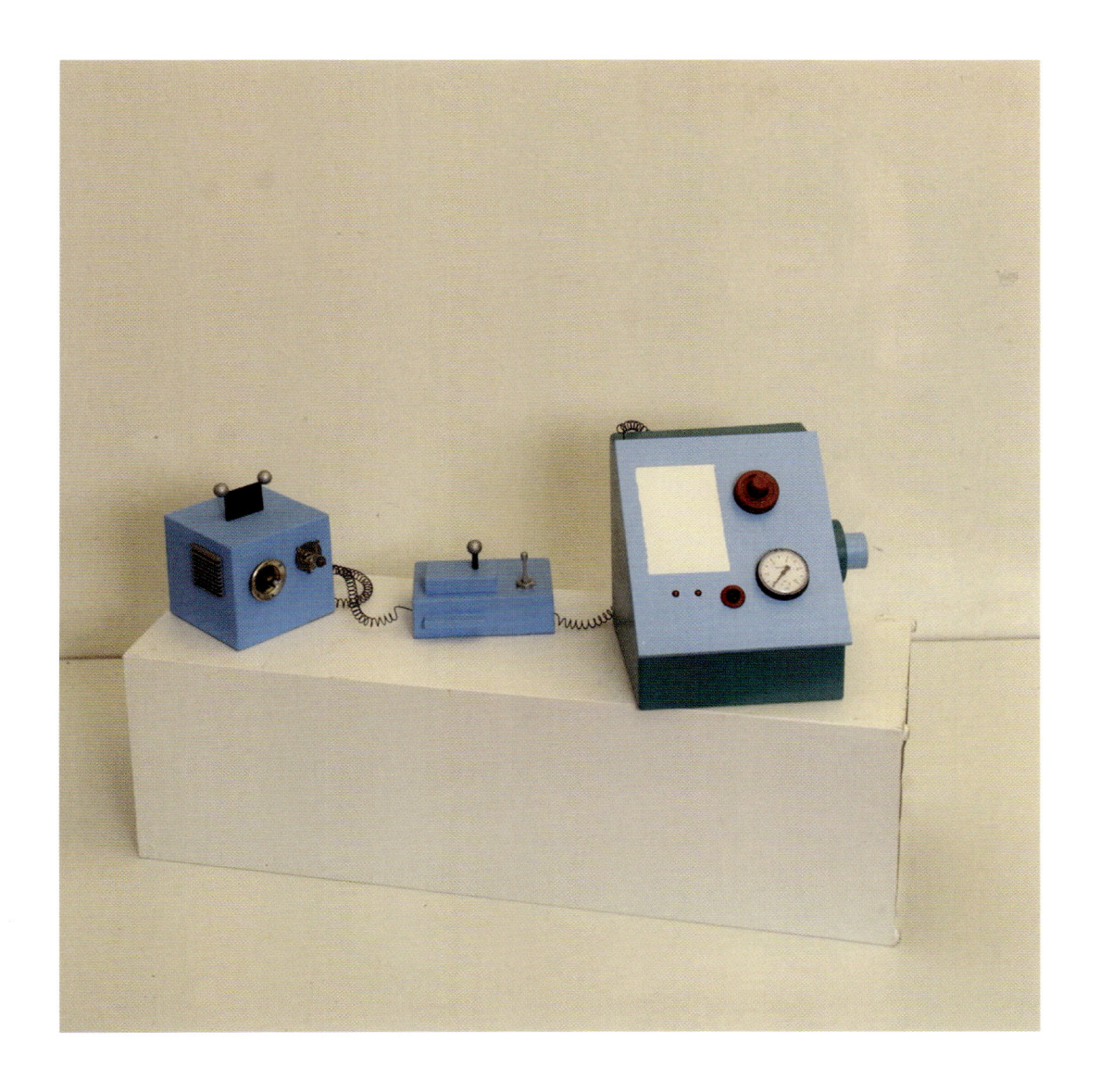

Vielfachschreiber

Vielfachschreiber
Erfinder: Akademie der Weltraumpolizei
(Superman: Sonderband 7, S. 59)

Automatic Writing Machine
Inventor: Akademie der Weltraumpolizei
(Superman: Special edition 7, p. 59)

Automatic Writing Machine

Lichtsucher

Lichtsucher
Bündelt das Licht und gibt einen
Überblick über alle Zeitperioden.
Erfinder: Superman
(Superman: Sonderband 19, S. 59)

Light Seeker
Collects light and provides an overview of
all eras of time.
Inventor: Superman
(Superman: Special edition 19, p. 59)

Light Seeker

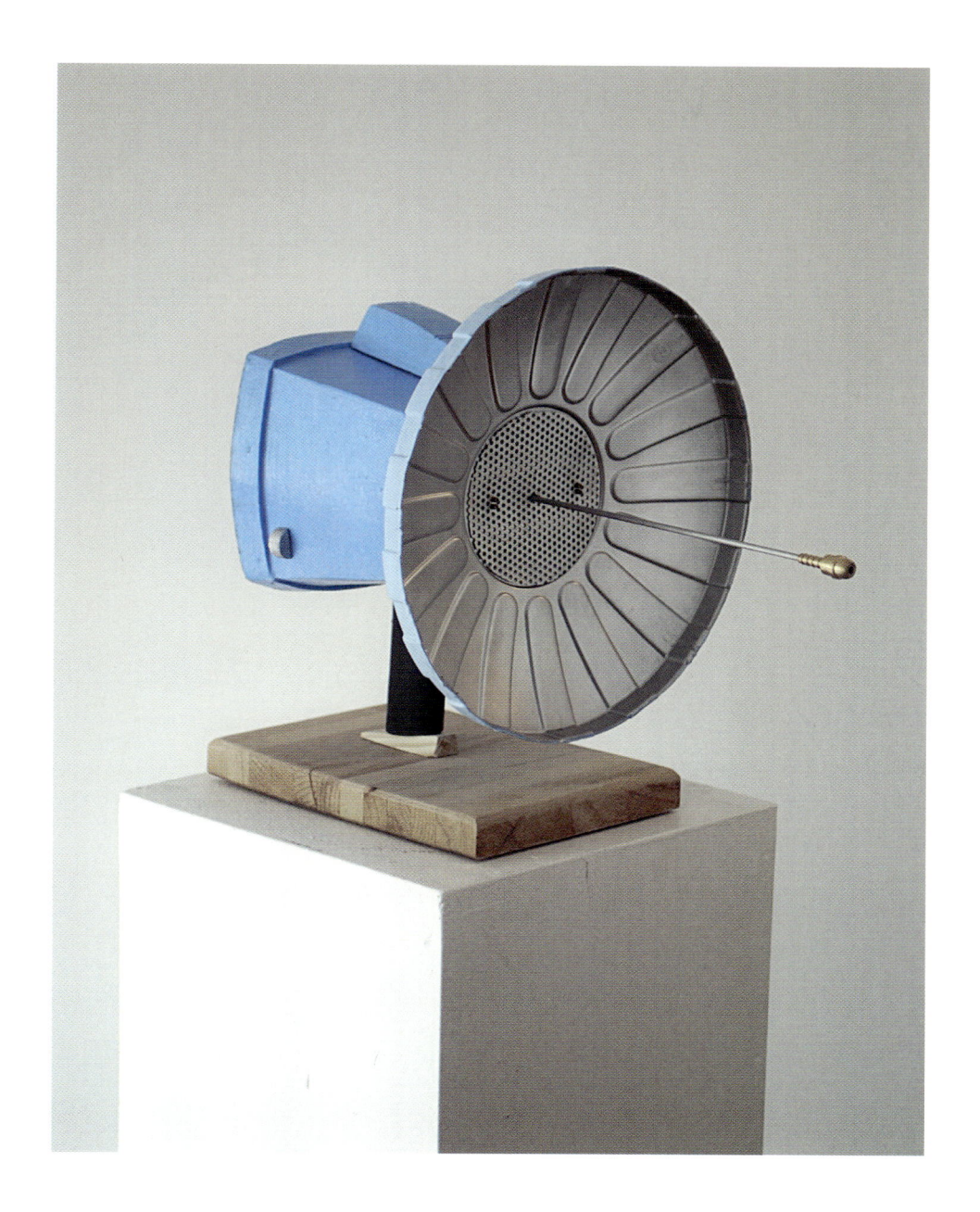

Schrumpfstrahl

Schrumpfstrahl
Erfinder: Brainiac
(Superman: Sonderband 8, S. 55)

Miniaturizing Beam
Inventor: Brainiac
(Superman: Special edition 8, p. 55)

Miniaturizing Beam

Einkaufswagen mit
elektronischer Steuerung

Einkaufswagen mit elektronischer
Steuerung
Erfinder: Daniel Düsentrieb
(MM 21/70, S. 7)

Electronic Shopping Cart
Inventor: Daniel Düsentrieb
(MM 21/70, p. 7)

Electronic Shopping Cart

Wasser-Detektor

Wasser-Detektor
Erfinder: Daniel Düsentrieb
(MM 47/78, S. 11)

Water Detector
Inventor: Daniel Düsentrieb
(MM 47/78, p. 11)

Water Detector

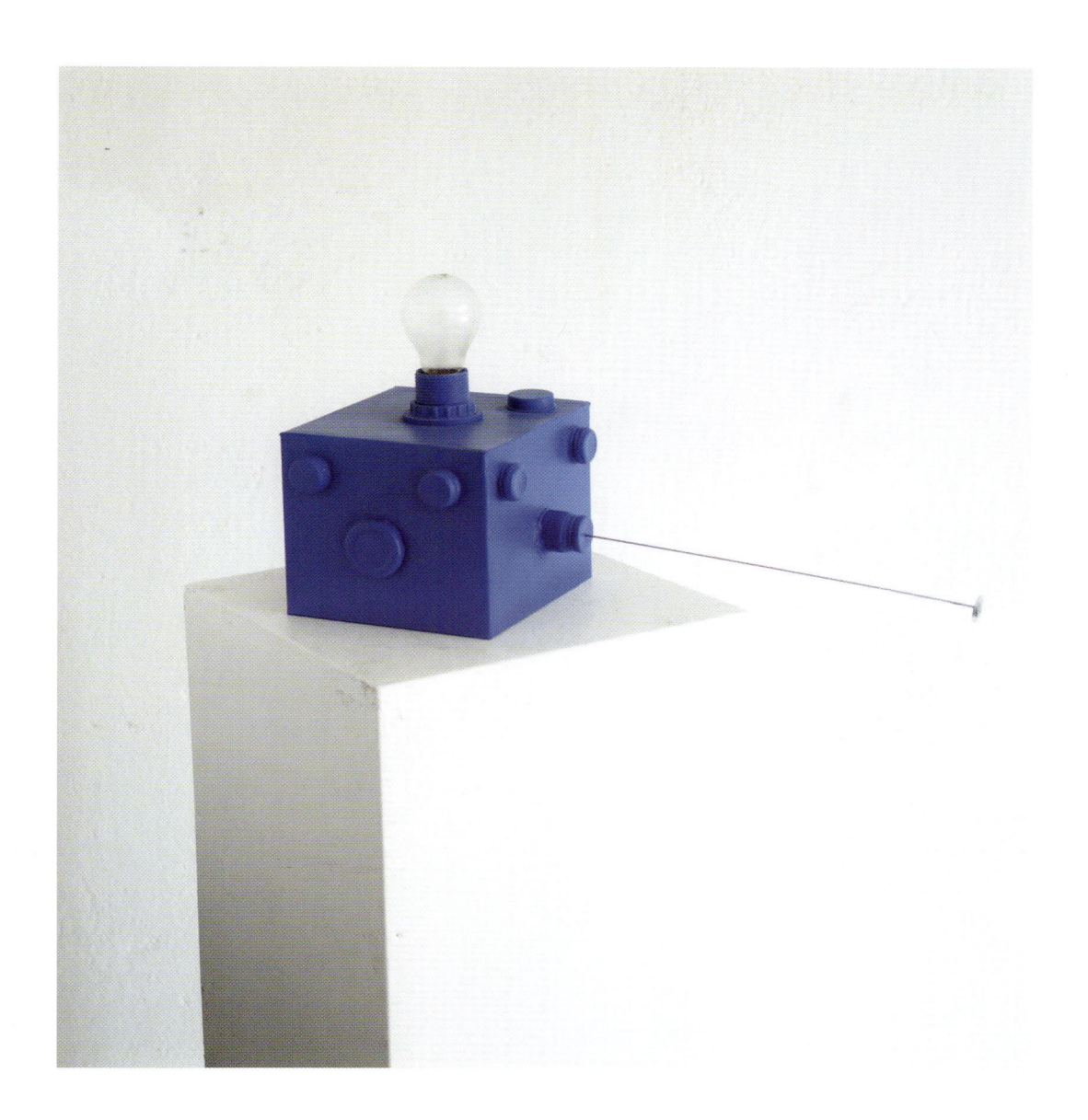

Printed in Germany

Vertrieb / Distribution
Medium GmbH
Rosenstraße 5-6
48143 Münster
Germany
Tel.: +49 (0251) 46000
Fax: +49 (0251) 46745
www.mediumbooks.com
info@mediumbooks.com

Druck und Bindung: Druckerei und Verlag Rasch GmbH & Co. KG, Bramsche